LES

OISEAUX DE LA CHINE

SCEAUX. — IMP. M. ET P.-E. CHARAIRE.

LES
OISEAUX DE LA CHINE

PAR

M. L'ABBÉ ARMAND DAVID, M. C.
ANCIEN MISSIONNAIRE EN CHINE,
CORRESPONDANT DE L'INSTITUT, DU MUSÉUM D'HISTOIRE NATURELLE, ETC.

ET

M. E. OUSTALET
DOCTEUR ÈS SCIENCES, AIDE-NATURALISTE AU MUSÉUM,
MEMBRE CORRESPONDANT DE LA SOCIÉTÉ ZOOLOGIQUE DE LONDRES

ATLAS

PARIS
G. MASSON, ÉDITEUR
LIBRAIRE DE L'ACADÉMIE DE MÉDECINE
BOULEVARD SAINT-GERMAIN, EN FACE DE L'ÉCOLE DE MÉDECINE
M DCCC LXXVII

TABLE DES PLANCHES

Planches.

1. Palæornis derbyanus.
2. Ptynx fuscescens.
3. Syrnium Davidi.
4. Athene Whitelyi.
5. Athene Brodiei.
6. Lempijius glabripes.
7. Archibuteo strophiatus.
8. Microhierax chinensis.
9. Buteo hemilasius.
10. Ceryle lugubris.
11. Æthopyga Dabryi.
12. Zosterops erythropleurus.
13. Sitta villosa.
14. Certhia himalayana.
15. Spelæornis Halsueti.
16. Spelæornis troglodytoïdes.
17. Horeites brunneifrons.
18. Suya striata.
19. Rhopophilus pekinensis.
20. Arundinax davidianus.
21. Tribura luteiventris.
22. Oreopneuste Armandi.
23. Abrornis fulvifacies.
24. Chæmarrornis leucocephala.
25. Ruticilla fuliginosa.
26. Ruticilla aurorea.
27. Larvivora cyane.
28. Ianthia cyanura.
29. Tarsiger chrysæus.
30. Hodgsonius phœnicuroïdes.
31. Grandala cœlicolor.
32. Accentor immaculatus.
33. Accentor montanellus.

Planches.

34. Parus pekinensis.
35. Proparus Swinhoei.
36. Machlolophus rex.
37. Corydalla kiangsinensis.
38. Henicurus sinensis.
39. Merula Gouldi.
40. Oreocincla mollissima.
41. Monticola solitarius.
42. Monticola gularis.
43. Myiophoneus cæruleus.
44. Hypsipetes leucocephalus.
45. Ixus xanthorrhous.
46. Ixus chrysorrhoïdes.
47. Spizixus semitorques.
48. Pomatorhinus Swinhoei.
49. Pomatorhinus gravivox.
50. Pterorhinus Davidi.
51. Babax lanceolatus.
52. Garrulax perspicillatus.
53. Cinclosoma lunulatum.
54. Cinclosoma Arthemisiæ.
55. Cinclosoma maximum.
56. Leucodioptron chinense.
57. Trochalopteron Ellioti.
58. Trochalopteron Milni.
59. Trochalopteron formosum.
60. Ianthocincla Berthemyi.
61. Heteromorpha gularis.
62. Cholornis paradoxa.
63. Paradoxornis Heudei.
64. Paradoxornis guttaticollis.
65. Suthora conspicillata.
66. Suthora cyanophrys.

Planches.

67. Leiothrix luteus.
68. Minla Jerdoni.
69. Yuhina diademata.
70. Yuhina nigrimentum.
71. Fulvetta striaticollis.
72. Fulvetta ruficapilla.
73. Fulvetta cinereiceps.
74. Ampelis phœnicoptera.
75. Lanius schah.
76. Lanius sphenocercus.
77. Buchanga leucogenis.
78. Pericrocotus brevirostris.
79. Erythrosterna albicilla.
80. Xanthopygia tricolor.
81. Cyanoptila cyanomelæna.
82. Tchitrea Incei.
83. Urocissa sinensis.
84. Cyanopolius cyaneus.
85. Dendrocitta sinensis.
86. Acridotheres cristatellus.
87. Sturnus sericeus.
88. Melanocorypha mongolica.
89. Leucosticte brunneinucha.
90. Pyrgilauda Davidi.
91. Eophona personata.
92. Eophona melanura.
93. Propasser trifasciatus.
94. Propasser Edwardsi.
95. Propasser davidianus.

Planches.

96. Propasser vinaceus.
97. Erythrospiza mongolica.
98. Uragus lepidus.
99. Yungipicus scintilliceps.
100. Phasianus decollatus.
101. Phasianus Ellioti.
102. Euplocamus Swinhoei.
103. Thaumalea Amherstiæ.
104. Pucrasia xanthospila.
105. Pucrasia Darwini.
106. Crossoptilon mantchuricum.
107. Crossoptilon Drouynii.
108. Crossoptilon auritum.
109. Tetraophasis obscurus.
110. Lophophorus Lhuysii.
111. Ceriornis Caboti.
112. Ceriornis Temminckii.
113. Ithaginis Geoffroyi.
114. Ithaginis sinensis.
115. Lerwa nivicola.
117. Ibis nippon.
117. Ibis nippon, var. sinensis.
118. Ibidorhynchus Struthersi.
119. Ardetta eurythma.
120. Ægialitis veredus.
121. Pseudoscolopax semipalmatus.
122. Gallinago solitaria.
123. Rallina mandarina.
124. Fulix Baeri.

FIN DE LA TABLE DES PLANCHES

ARNOUL DEL. ET LITH. IMP. BECQUET, PARIS.

PALÆORNIS DERBYANUS.

Oiseaux de la Chine. PL. 2.

ARNOUL DEL. ET LITH. IMP. BECQUET, PARIS.

PTYNX FUSCESCENS.

ARNOUL DEL. ET LITH. 1/4 IMP. BECQUET, PARIS.

SYRNIUM DAVIDI.

ARNOUL DEL. ET LITH. 1/2 IMP. BECQUET, PARIS.

ATHENE WHITELEYI.

ARNOUL DEL. ET LITH. IMP. BECQUET. PARIS.

ATHENE BRODIEI.

Oiseaux de la Chine. PL. 6.

ARNOUL DEL. ET LITH. 1/2 IMP. BECQUET, PARIS.

LEMPIJUS GLABRIPES.

Oiseaux de la Chine. PL. 7.

ARNOUL DEL. ET LITH — 1/4 — IMP. BECQUET, PARIS.

ARCHIBUTEO STROPHIATUS.

Oiseaux de la Chine. PL. 8.

7/9

ARNOUL DEL. ET LITH. IMP. BECQUET, PARIS.

MICROHIERAX CHINENSIS.

ARNOUL DEL. ET LITH. 4/15 IMP. BECQUET, PARIS.

BUTEO HEMILASIUS.

Oiseaux de la Chine. PL. 10.

ARNOUL DEL. ET LITH. 5/12 IMP. BECQUET, PARIS.

CERYLE LUGUBRIS.

ARNOUL DEL. ET LITH. IMP. BECQUET, PARIS.

ÆTHOPYGA DABRYI.

ARNOUL DEL. ET LITH. IMP. BECQUET, PARIS.

ZOSTEROPS ERYTHROPLEURUS.

ARNOUL DEL. ET LITH. IMP. BECQUET, PARIS.

SITTA VILLOSA.

Oiseaux de la Chine. PL. 14.

ARNOUL DEL. ET LITH. IMP. BECQUET, PARIS.

CERTHIA HIMALAYANA.

ARNOUL DEL. ET LITH. IMP. BECQUET, PARIS.

SPELÆORNIS HALSUETI.

ARNOUL DEL. ET LITH. IMP. BECQUET, PARIS.

SPELÆORNIS TROGLODYTOIDES.

ARNOUL DEL. ET LITH. IMP. BECQUET, PARIS.

HOREITES BRUNNEIFRONS.

ARNOUL DEL. ET LITH. 9/10 IMP. BECQUET, PARIS.

SUYA STRIATA.

ARNOUL DEL. ET LITH. IMP. BECQUET, PARIS.

RHOPOPHILUS PEKINENSIS.

ARNOUL DEL. ET LITH. IMP. BECQUET, PARIS.

ARUNDINAX DAVIDIANUS.

ARNOUL DEL. ET LITH. IMP. BECQUET, PARIS

TRIBURA LUTEIVENTRIS.

ARNOUL DEL. ET LITH. IMP. BECQUET, PARIS.

OREOPNEUSTE ARMANDI.

ARNOUL DEL. ET LITH. IMP. BECQUET, PARIS.

ABRORNIS FULVIFACIES.

ARNOUL DEL ET LITH. 7/9 IMP. BECQUET, PARIS.

CHÆMARRORNIS LEUCOCEPHALA.

ARNOUL DEL. ET LITH. IMP. BECQUET, PARIS.

RUTICILLA FULIGINOSA.

ARNOUL DEL. ET LITH. IMP. BECQUET, PARIS.

RUTICILLA AURORÉA.

ARNOUL DEL. ET LITH. 3/4 IMP. BECQUET, PARIS.

LARVIVORA CYANE.

ARNOUL DEL ET LITH. IMP BECQUET, PARIS

IANTHIA CYANURA.

ARNOUL DEL. ET LITH. IMP. BECQUET, PARIS.

TARSIGER CHRYSÆUS.

ARNOUL DEL. ET LITH. 6/7 IMP. BECQUET, PARIS.

HODGSONIUS PHŒNICUROÏDES.

ARNOUL DEL. ET LITH. 7/10 IMP. BECQUET, PARIS.

GRANDALA CŒLICOLOR.

ARNOUL DEL. ET LITH. IMP. BECQUET, PARIS.

ACCENTOR IMMACULATUS.

2/3

ARNOUL DEL. ET LITH. IMP. BECQUET, PARIS.

ACCENTOR MONTANELLUS.

ARNOUL DEL. ET LITH. IMP. BECQUET, PARIS.

PARUS PEKINENSIS.

ARNOUL DEL. ET LITH. IMP. BECQUET, PARIS.

PROPARUS SWINHOEI.

MACHLOLOPHUS REX.

ARNOUL DEL. ET LITH. IMP. BECQUET, PARIS.

CORYDALLA KIANGSINENSIS.

ARNOUL DEL. ET LITH. 3/5 IMP. BECQUET, PARIS.

HENICURUS SINENSIS.

ARNOUL DEL. ET LITH. IMP. BECQUET, PARIS.

MERULA GOULDI.

ARNOUL DEL. ET LITH. 4/7 IMP. BECQUET, PARIS.

OREOCINCLA MOLLISSIMA.

ARNOUL DEL. ET LITH. 8/15 IMP. BECQUET, PARIS.

MONTICOLA SOLITARIUS.

2/3

ARNOUL DEL. ET LITH. IMP. BECQUET, PARIS.

MONTICOLA GULARIS.

ARNOUL DEL. ET LITH. 4/7 IMP. BECQUET, PARIS.

MYIOPHONEUS CÆRULEUS.

ARNOUL DEL. ET LITH. IMP. BECQUET, PARIS.

HYPSIPETES LEUCOCEPHALUS.

ARNOUL DEL. ET LITH. 3/4 IMP. BECQUET, PARIS.

IXUS XANTHORRHOUS.

ARNOUL DEL. ET LITH. IMP. BECQUET, PARIS.

IXUS CHRYSORRHOIDES

ARNOUL DEL. ET LITH. 3/4 IMP. BECQUET. PARIS.

SPIZIXUS SEMITORQUES.

ARNOUL DEL. ET LITH. IMP. BECQUET PARIS

POMATORHINUS SWINHOEI.

ARNOUL DEL. ET LITH. IMP. BECQUET, PARIS.

POMATORHINUS GRAVIVOX.

Oiseaux de la Chine. PL. 50.

ARNOUL DEL. ET LITH. IMP. BECQUET, PARIS.

PTERORHINUS DAVIDI.

ARNOUL DEL. ET LITH. IMP. BECQUET, PARIS.

BABAX LANCEOLATUS.

ARNOUL DEL. ET LITH. IMP. BECQUET, PARIS.

GARRULAX PERSPICILLATUS.

ARNOUL DEL. ET LITH. IMP. BECQUET, PARIS.

CINCLOSOMA LUNULATUM.

ARNOUL DEL. ET LITH. IMP. BECQUET, PARIS.

CINCLOSOMA ARTHEMISIÆ.

ARNOUL DEL. ET LITH. IMP. BECQUET, PARIS.

CINCLOSOMA MAXIMUM.

ARNOUL DEL. ET LITH. IMP. BECQUET, PARIS.

LEUCODIOPTRON CHINENSE.

ARNOUL DEL. ET LITH. IMP. BECQUET, PARIS.

TROCHALOPTERON ELLIOTI.

ARNOUL DEL. ET LITH. 2/3 IMP. BECQUET, PARIS

TROCHALOPTERON MILNI.

ARNOUL DEL. ET LITH. 3 IMP. BECQUET, PARIS.

TROCHALOPTERON FORMOSUM.

ARNOUL DEL. ET LITH. IMP. BECQUET, PARIS.

IANTHOCINCLA BERTHEMYI.

ARNOUL DEL. ET LITH. IMP. BECQUET, PARIS

HETEROMORPHA GULARIS.

ARNOUL DEL. ET LITH. IMP. BECQUET. PARIS.

CHOLORNIS PARADOXA.

ARNOUL DEL. ET LITH. IMP. BECQUET, PARIS.

PARADOXORNIS HEUDEI.

ARNOUL DEL. ET LITH. IMP. BECQUET. PARIS.

PARADOXORNIS GUTTATICOLLIS.

ARNOUL DEL. ET LITH. IMP. BECQUET, PARIS.

SUTHORA CONSPICILLATA.

ARNOUL DEL ET LITH. IMP. BECQUET, PARIS.

SUTHORA CYANOPHRYS.

ARNOUL DEL ET LITH. IMP. BECQUET, PARIS.

LEIOTHRIX LUTEUS.

ARNOUL DEL. ET LITH. IMP. BECQUET, PARIS.

MINLA JERDONI.

IMP. BECQUET, PARIS.

YUHINA DIADEMATA.

ARNOUL DEL. ET LITH. IMP. BECQUET. PARIS.

YUHINA NIGRIMENTUM.

ARNOUL DEL. ET LITH. IMP. BECQUET, PARIS.

FULVETTA STRIATICOLLIS

ARNOUL DEL. ET LITH. IMP. BECQUET, PARIS.

FULVETTA RUFICAPILLA.

ARNOUL DEL. ET LITH. IMP. BECQUET. PARIS.

FULVETTA CINEREICEPS.

ARNOUL DEL. ET LITH. 1/1 IMP. BECQUET, PARIS.

AMPELIS PHÆNICOPTERA.

2/3

ARNOUL DEL. ET LITH. IMP. BECQUET. PARIS.

LANIUS SCHAH.

2/3

ARNOUL DEL. ET LITH. IMP. BECQUET, PARIS.

LANIUS SPHENOCERCUS.

ARNOUL DEL. ET LITH. IMP. BECQUET, PARIS.

BUCHANGA LEUCOGENYS.

ARNOUL DEL. ET LITH. 2/3 IMP. BECQUET, PARIS.

PERICROCOTUS BREVIROSTRIS.

ARNOUL DEL. ET LITH. IMP. BECQUET, PARIS

ERYTHROSTERNA ALBICILLA.

ARNOUL DEL. ET LITH. IMP. BECQUET, PARIS.

XANTHOPYGIA TRICOLOR.

ARNOUL DEL. ET LITH. 3/4 IMP. BECQUET, PARIS.

CYANOPTILA CYANOMELÆNA.

ARNOUL DEL. ET LITH. 9/16 IMP. BECQUET, PARIS.

TCHITREA INCEI.

ARNOUL DEL ET LITH. IMP. BECQUET, PARIS.

UROCISSA SINENSIS.

ARNOUL DEL. ET LITH. IMP. BECQUET, PARIS.

CYANOPOLIUS CYANEUS.

Oiseaux de la Chine. PL. 85.

ARNOUL DEL. ET LITH. IMP. BECQUET, PARIS.

DENDROCITTA SINENSIS.

ARNOUL DEL. ET LITH. IMP. BECQUET, PARIS.

ACRIDOTHERES CRISTATELLUS.

ARNOUL DEL. ET LITH. IMP. BECQUET, PARIS.

STURNUS SERICEUS.

ARNOUL DEL. ET LITH. 3/5 IMP. BECQUET, PARIS

MELANOCORYPHA MONGOLICA.

ARNOUL DEL. ET LITH. IMP. BECQUET, PARIS.

LEUCOSTICTE BRUNNEINUCHA.

ARNOUL DEL. ET LITH. IMP. BECQUET, PARIS.

PYRGILAUDA DAVIDI.

ARNOUL DEL. ET LITH. 5/6 IMP. BECQUET, PARIS.

EOPHONA PERSONATA.

ARNOUL DEL. ET LITH. 7/8 IMP. BECQUET, PARIS.

EOPHONA MELANURA.

ARNOUL DEL. ET LITH. IMP. BECQUET, PARIS.

PROPASSER TRIFASCIATUS.

3/4

ARNOUL DEL. ET LITH. IMP. BECQUET, PARIS

PROPASSER EDWARDSI.

Oiseaux de la Chine. PL. 95.

10/13

ARNOUL DEL. ET LITH. IMP. BECQUET, PARIS.

PROPASSER DAVIDIANUS.

ARNOUL DEL. ET LITH. IMP. BECQUET, PARIS.

PROPASSER VINACEUS.

ARNOUL DEL. ET LITH. 3/4 IMP. BECQUET, PARIS.

ERYTHROSPIZA MONGOLICA.

ARNOUL DEL ET LITH. IMP. BECQUET, PARIS

URAGUS LEPIDUS.

ARNOUL DEL. ET LITH. IMP. BECQUET, PARIS.

YUNGIPICUS SCINTILLICEPS.

IMP. BECQUET, PARIS

ARNOUL DEL. ET LITH.

PHASIANUS DECOLLATUS.

PHASIANUS ELLIOTI.

Oiseaux de la Chine. PL. 102.

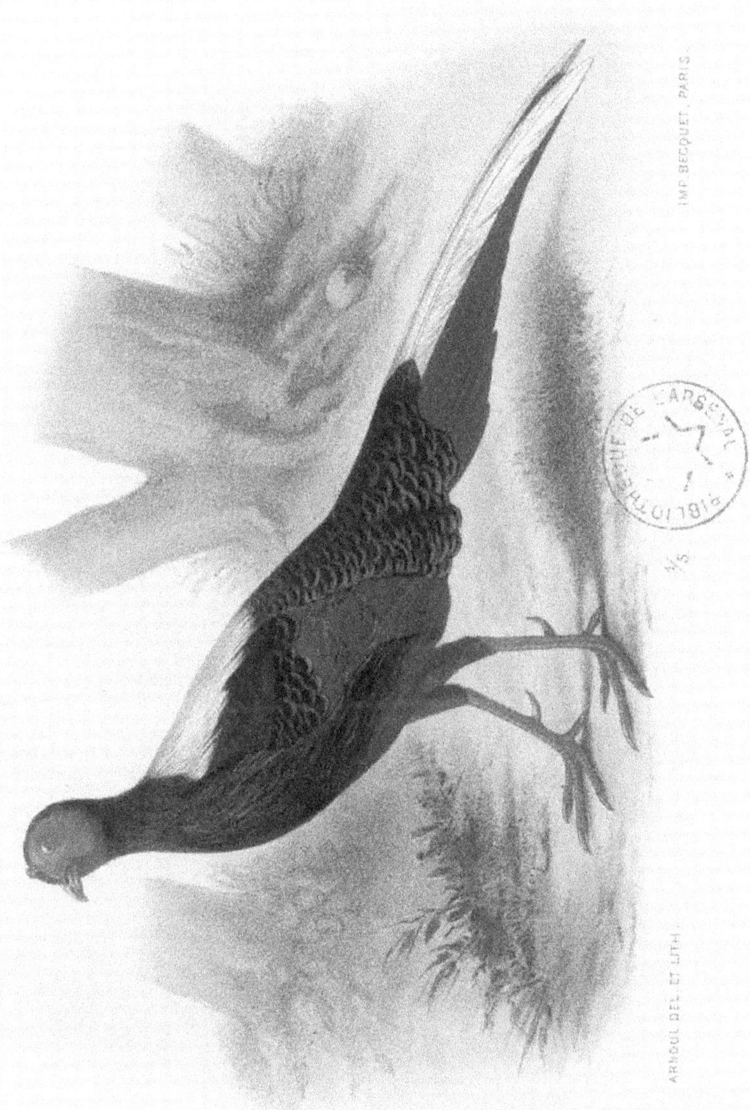

EUPLOCAMUS SWINHOEI.

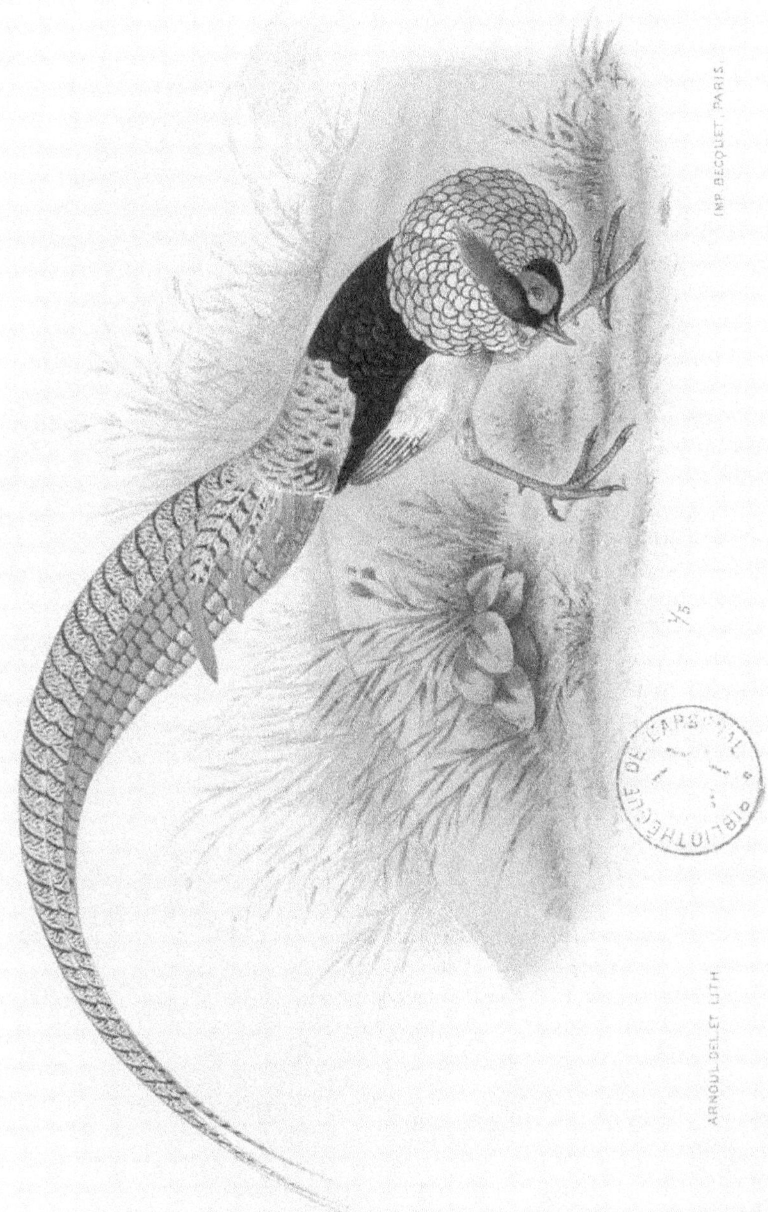

THAUMALEA AMHERSTIÆ

ARNOUL DEL. ET LITH. IMP. BECQUET, PARIS.

PUCRASIA XANTHOSPILA.

ARNOUL DEL. ET LITH. 1/3 IMP. BECQUET, PARIS

PUCRASIA DARWINI

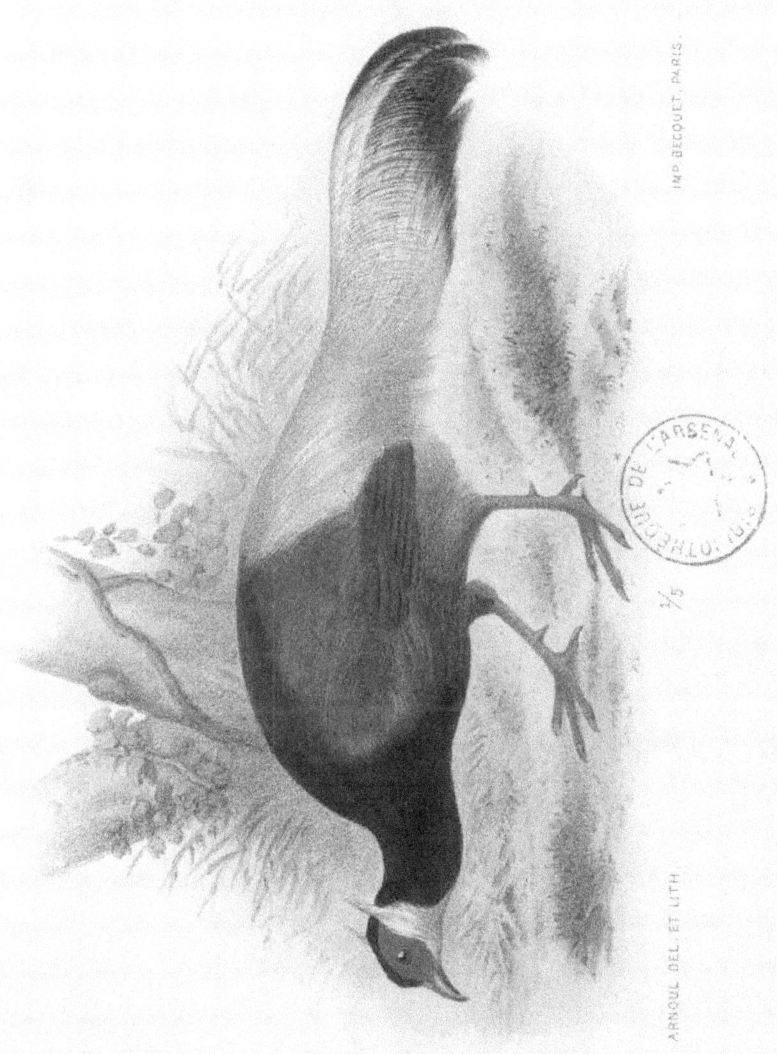

CROSSOPTILON MANTCHURICUM.

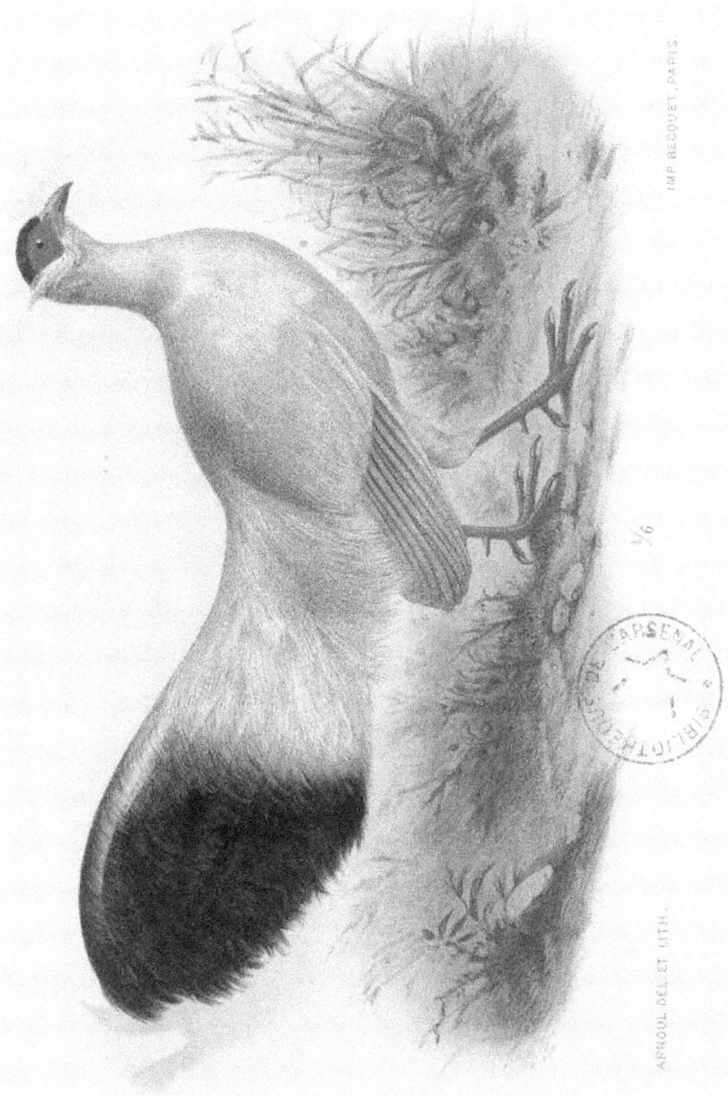

ARNOUL DEL. ET LITH. IMP. BECQUET, PARIS.

CROSSOPTILON DROUYNII.

CROSSOPTILON AURITUM.

IMP. BECQUET, PARIS.

1/4

ARNOUL DEL. ET LITH.

TETRAOPHASIS OBSCURUS.

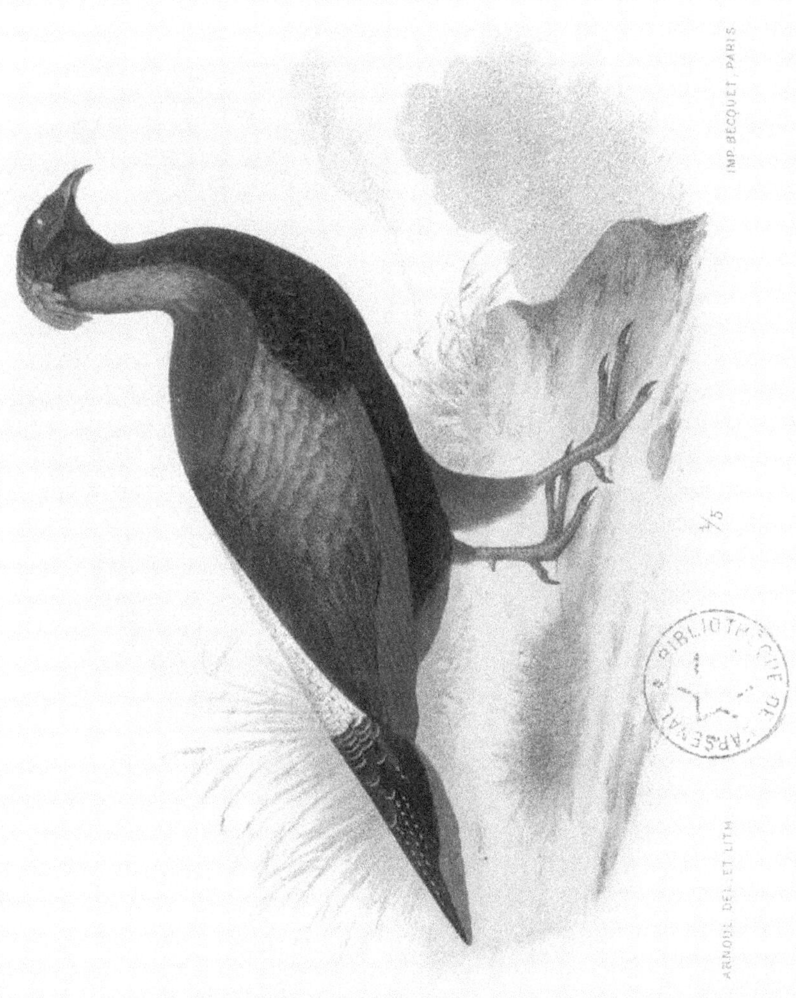

LOPHOPHORUS LHUYSII.

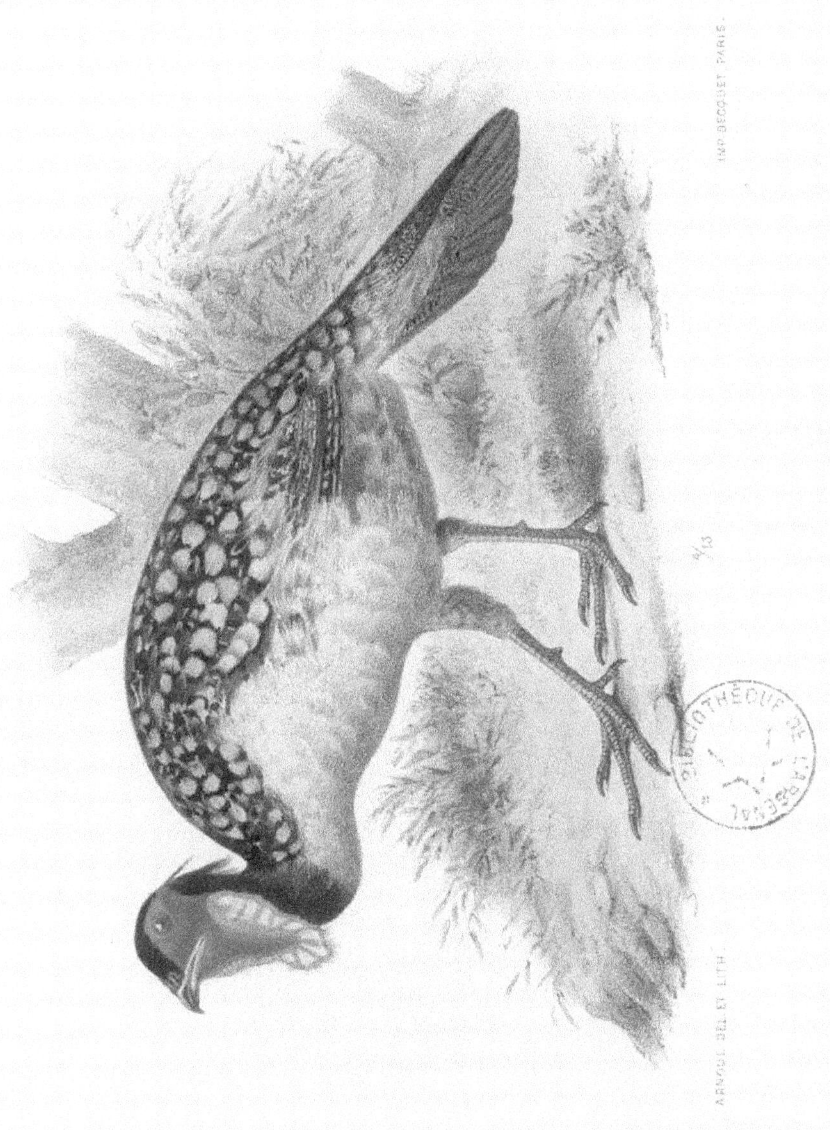

CERIORNIS CABOTI.

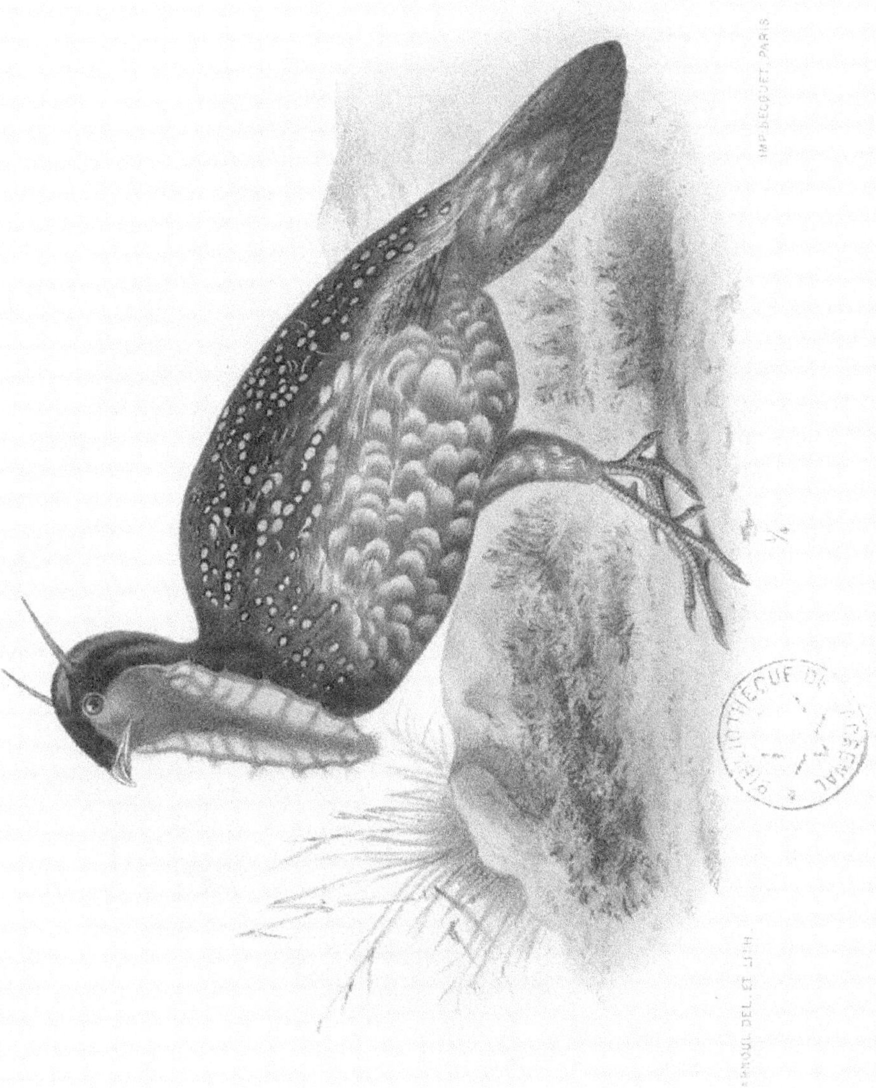

CERIORNIS TEMMINCKII.

1/8

ARNOUL DEL. ET LITH. IMP. BECQUET, PARIS.

ITHAGINIS GEOFFROYI

1/3

ARNOUL LITH. HUET DEL.

ITHAGINIS SINENSIS.

Arnoul del. et lith.

5/12

Imp. Becquet Paris

LERWA NIVICOLA.

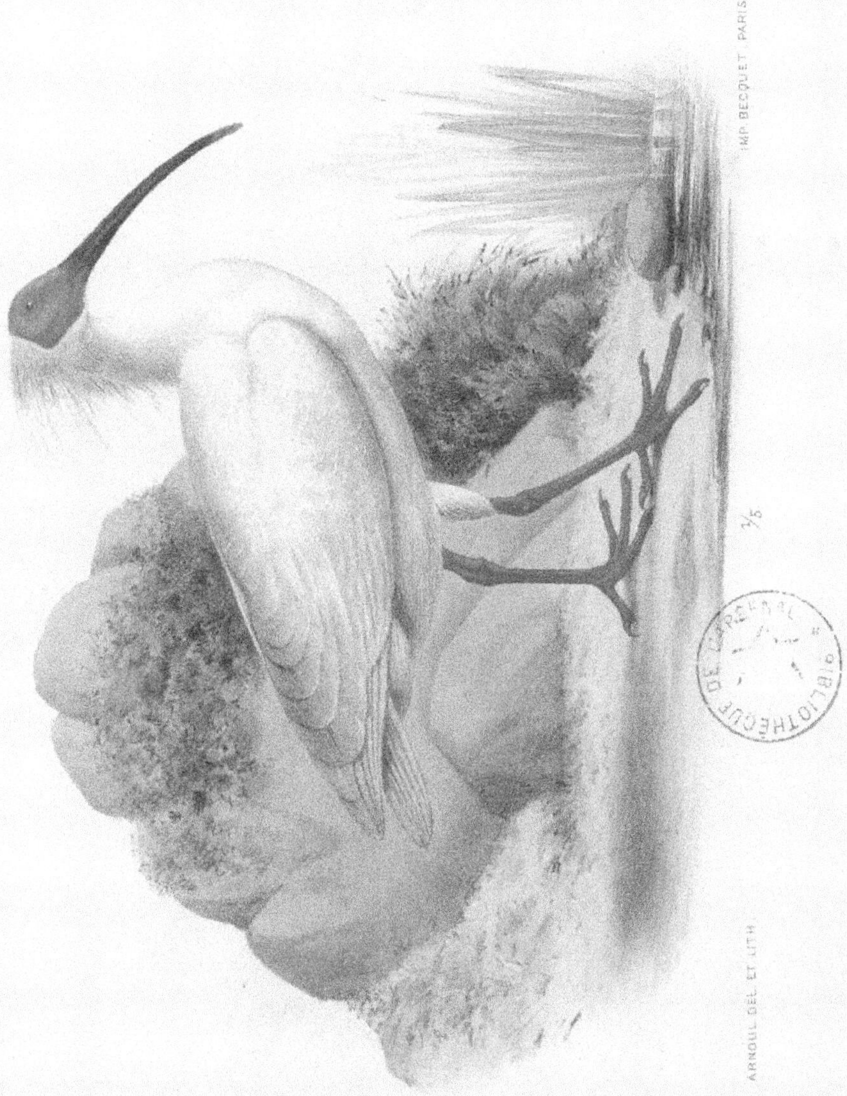

IBIS NIPPON.

IMP. BECQUET, PARIS.

ARNOUL DEL. ET LITH.

IBIS NIPPON, var. SINENSIS.

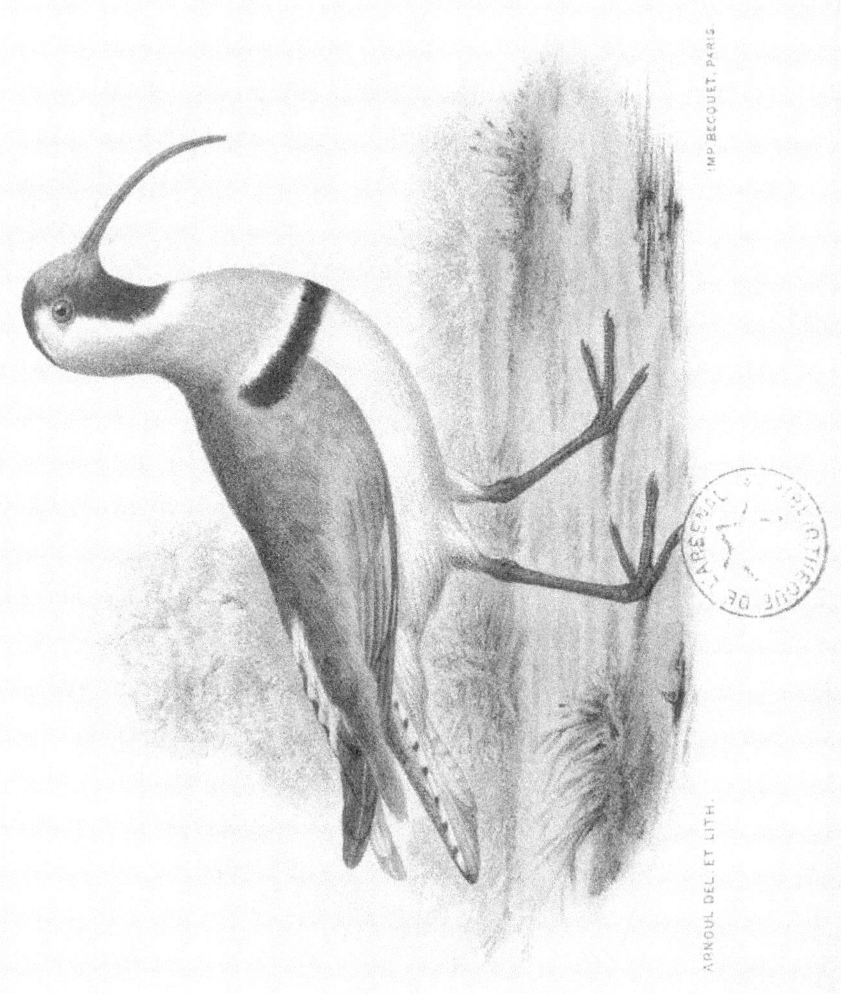

IBIDORHYNCHUS STRUTHERSI.

ARNOUL DEL. ET LITH. IMP. BECQUET, PARIS.

ARDETTA EURYTHMA.

ARNOUL DEL. ET LITH. IMP. BECQUET, PARIS.

ÆGIALITES VEREDUS.

Oiseaux de la Chine. PL. 121.

ARNOUL DEL. ET LITH. IMP. BECQUET, PARIS.

PSEUDOSCOLOPAX SEMIPALMATUS.

GALLINAGO SOLITARIA

ARNOUL DEL ET LITH

IMP. BECQUET PARIS

RALLINA MANDARINA.

FULIX BAERI

www.ingramcontent.com/pod-product-compliance
Ingram Content Group UK Ltd.
Pitfield, Milton Keynes, MK11 3LW, UK
UKHW022011170726
13837UKWH00001B/119